AF322160

NOTICE

SUR LES

BAINS D'ACIDE CARBONIQUE

LA CARBONIQUE LIQUIDE

SOCIÉTÉ ANONYME

POUR LA FABRICATION ET L'EXPLOITATION DE L'ACIDE CARBONIQUE LIQUIDE

Capital : 628,000 francs.

SIÈGE SOCIAL : 33, ALLÉES DE TOURNY, A BORDEAUX

Usine à Bègles (Gironde).

NOTICE

SUR

LES BAINS D'ACIDE CARBONIQUE

MONSIEUR LE DOCTEUR,

Tout le monde sait que l'acide carbonique, impropre à la respiration, est le résidu de la respiration de tous les êtres vivants. Éminemment nuisible quand on le respire, ce gaz peut cependant être introduit dans l'économie sans aucun danger, pourvu qu'il n'arrive pas dans la circulation artérielle. Il y a déjà longtemps que les mémorables expériences de notre grand physiologiste, Cl. Bernard, ont établi, sur les bases les plus solides, cette importante vérité. En faisant pénétrer l'acide carbonique par absorption dans les branches de la veine porte, cet illustre auteur a fait voir, en effet, qu'il est immédiatement rejeté hors de l'économie par l'appareil respiratoire, et que, par suite, on peut en faire absorber ainsi des quantités aussi grandes que l'on veut sans déterminer aucun accident analogue à ceux qui constituent l'asphyxie.

C'est précisément en se basant sur ces mémorables expériences que, dans ces dernières années, a été imaginée cette méthode de traitement de la tuberculose pulmonaire par les injections rectales, autrement dit par les lavements gazeux, dans lesquels l'acide carbonique était uni à l'acide sulfhydrique. Ces deux gaz, pénétrant par absorption intestinale dans les branches de la veine porte, étaient ensuite éliminés par le poumon; et, de leur passage à travers les vésicules pulmonaires devait résulter la guérison de la maladie. Ces lavements gazeux n'ont pas eu les résultats qu'en avaient espérés leurs auteurs; mais ils ont fourni une fois de plus la démonstration que l'absorption de l'acide carbonique dans le système sanguin à sang noir peut se faire sans le moindre danger.

Au reste, depuis les temps les plus reculés, cette démonstration a également été faite pour l'absorption de l'acide carbonique par la surface cutanée. Les bains des stations thermales les plus renommées sont des bains qui sont chargés d'acide carbonique et d'acide sulfhydrique. Tous les jours, dans ces stations thermales, des milliers de baigneurs absorbent par la peau ces gaz, qui sont versés dans le système sanguin à sang noir et finalement rejetés au dehors par la voie respiratoire. Et non seulement ces bains à acide carbonique et à acide sulfhydrique ne causent pas d'accidents, mais ils deviennent des agents thérapeutiques puissants. La nature elle-même, en nous dotant des eaux minérales naturelles, nous a donc montré les bienfaits qu'on peut retirer de la balnéation carbonique; elle nous a tracé la voie pour l'application d'une méthode thérapeutique qui, déjà, les preuves en sont faites, a donné les résultats les plus complets.

Ce n'est pas d'aujourd'hui que l'on a tenté de faire de l'acide carbonique un agent thérapeutique. Pline déjà savait utiliser son action anesthésique sur les tissus. Il dit, en effet, que le marbre mélangé au vinaigre endort les parties sur lesquelles on l'applique, de telle sorte que l'on peut couper et cautériser celles-ci sans causer de douleur; et depuis une vingtaine d'années, de nombreux travaux ont montré que l'on peut se servir ainsi du pouvoir anesthésique de l'acide carbonique en application directe sur les tissus pour pratiquer de petites opérations. Le fait est donc parfaitement établi, l'acide carbonique est doué d'un pouvoir anesthésique remarquable; il calme la douleur, et cet effet de son application locale est des plus rapides.

Les effets anesthésiques de l'acide carbonique ne se montrent pas seulement lorsque l'on fait agir directement ce gaz sur les tissus. Ils peuvent aussi se manifester quand on fait pénétrer ce gaz dans le sang et surtout dans le système sanguin à sang rouge. Cette propriété de l'acide carbonique a été mise en lumière par Bichat, et Ozanam voulait utiliser cette anesthésie carbonique pour pratiquer les grandes opérations chirurgicales. Mais cette tentative a échoué en raison des dangers que l'on fait courir au sujet dans ces conditions.

Mais le rôle de l'acide carbonique n'est pas seulement un rôle d'anesthésique. Dans les eaux minérales, ce gaz agit comme un des plus puissants modificateurs de la nutrition générale, et il est facile, au point de vue physiologique, de se rendre compte de son mode d'action. Il ne faut pas oublier, en effet, que, dans le poumon, au moment où il va être rejeté au dehors par l'expiration, l'acide carbonique stimule notablement l'acte respiratoire et surtout l'absorption de l'oxygène. Par le fait, le rejet au dehors d'une plus forte proportion d'acide carbonique entraîne forcément à sa suite la pénétration dans le sang et la combinaison avec l'hémoglobine de ce liquide d'une plus forte proportion d'oxygène. Il en résulte donc une véritable accélération dans les actes intimes de la nutrition, la présence dans le sang artériel d'une plus grande quantité d'oxygène et, dans les capillaires généraux, une oxygénation plus rapide et plus complète de tous les produits de la nutrition cellulaire intime.

Et, en somme, c'est à cette exagération des combustions organiques dans les capillaires généraux et même dans les cellules, les fibres et les autres éléments anatomiques de nos tissus qu'il faut rapporter les remarquables effets thérapeutiques de l'acide carbonique.

La plupart des maladies générales résultent de troubles profonds de notre nutrition intime, si bien que l'on a pu définir la maladie un trouble de nutrition des éléments anatomiques. Et ces troubles consistent toujours dans des oxydations incomplètes, laissant s'accumuler dans l'organisme des détritus qui ne peuvent être éliminés facilement, des toxines diverses, leucomaïnes ou ptomaïnes, qui altèrent la santé rapidement et quelquefois d'une manière irrémédiable. Il en est ainsi dans les maladies générales : le rhumatisme, la goutte, l'herpétisme, le diabète. Il en est ainsi dans l'albuminurie, l'urémie, soit aiguë, soit chronique; dans le rachitisme, dans la scrofule. Il en est de même encore dans un très grand nombre de maladies du système nerveux, dans la neurasthénie, dans l'hystérie et l'épilepsie et dans tous les troubles de ce système dont la cause est une altération sanguine due à l'une des nombreuses intoxications provenant soit du tube digestif, soit de l'appareil hépatique, soit de l'appareil rénal, soit enfin de l'appareil cutané.

On comprend dès lors comment l'acide carbonique qui augmente l'absorption de l'oxygène, devient le médicament par excellence, et comment son emploi, sous forme de bains surtout, alors que l'on s'adresse à la peau pour obtenir son absorption, donne les résultats les plus complets et les plus remarquables.

C'est ainsi qu'agissent les eaux minérales; mais il est incontestable que ces eaux minérales elles-mêmes ne peuvent donner tous les résultats thérapeutiques que l'on est en droit de demander à l'emploi de l'acide carbonique. La plupart de ces eaux, en effet, ne sont pas suffisamment chargées de ce gaz, et, par suite, leur action est incomplète. L'on ne peut pas toujours envoyer tous les malades aux eaux minérales; ces eaux ne peuvent pas être fréquentées toute l'année, et, enfin, il est de toute impossibilité d'en faire usage ailleurs qu'aux sources thermales elles-mêmes.

C'est précisément pour remédier à ces inconvénients que, depuis longtemps déjà, on a cherché à utiliser l'acide carbonique et à donner des bains de ce gaz. Mais les essais faits jusqu'à ce jour n'avaient donné que des déboires. On n'était pas parvenu à trouver un moyen de fixer suffisamment l'acide carbonique dans l'eau et il ne fallait pas songer à donner des bains gazeux d'acide carbonique. Mais avec le remarquable procédé de Lippert, tous ces inconvénients ont disparu et il est possible d'obtenir une solution d'acide carbonique dans l'eau dans des conditions telles que ce gaz est pour ainsi dire en combinaison avec le liquide et qu'il ne se sépare de cette combinaison qu'au contact du corps des sujets qui sont plongés dans le bain.

Aussi, depuis la découverte de ce procédé, de nombreux établissements de bains d'acide carbonique ont été créés en Allemagne et les résultats y sont des plus importants. A Eberswald il existe un véritable sanatorium, dans lequel la thérapeutique par ces bains, d'après le procédé de Lippert, est seule employée; et, dans cet établissement modèle, les malades sont traités avec des succès vraiment remarquables.

Désirant faire profiter nos concitoyens des merveilleux résultats que donnent les bains dont il est question, nous avons installé à Bordeaux la balnéation par l'acide carbonique. Nous avons réalisé, par un procédé à nous, la saturation de l'eau par l'acide carbonique, et une première installation, faite dans l'établissement du D\u02b3 Boisset, avenue Carnot, nous permet d'affirmer qu'on y trouvera les bains d'acide carbonique dans les conditions où ils se donnent au sanatorium d'Eberswald. Comme dans ce remarquable établissement, le sujet plongé dans le bain est pour ainsi dire enveloppé dans une atmosphère d'acide carbonique qui, au fur et à mesure, se dégage autour de toute l'étendue de son corps, condition que ne peut donner aucun des autres systèmes de balnéation d'acide carbonique.

Nous rappellerons ici que les maladies qui doivent être traitées par les bains d'acide carbonique sont surtout les maladies du système nerveux, maladies du cerveau et de la moelle épinière, grandes névroses, neurasthénie, hystérie, épilepsie, maladies des nerfs périphériques, névralgies et névrites diverses. Viennent ensuite les maladies générales : le rhumatisme, la goutte, le diabète, qui trouvent dans les bains d'acide carbonique un moyen thérapeutique des plus efficaces. Puis doivent être mentionnées la scrofule, et toutes les localisations morbides qui en dépendent, l'anémie générale et surtout la chlorose de la puberté et des jeunes filles en particulier. Les maladies des femmes d'une manière générale sont traitées avec le plus grand succès par les bains dont il s'agit. Il faut encore citer, comme retirant des avantages considérables du traitement par les bains d'acide carbonique, les maladies du cœur, surtout quand elles sont encore dans la phase de compensation; même dans la phase de rupture de compensation, ces maladies sont encore considérablement améliorées par les bains d'acide carbonique.

Les hydropisies, quelle que soit leur origine première, mais surtout les hydropisies qui dépendent d'une maladie du cœur ou d'une maladie des reins, sont guéries pour le plus grand nombre par la thérapeutique carbonique et, si leur guérison n'est pas toujours obtenue d'une manière radicale, on peut dire que ces bains amènent dans leur évolution une amélioration des plus remarquables.

Les convalescents des maladies aiguës, telles que la fièvre typhoïde, la variole, le rhumatisme articulaire aigu, la fièvre intermittente, la dysenterie, le choléra, trouvent dans les bains d'acide carbonique une médication qui leur restitue très rapidement leurs forces et qui leur permet de reprendre leur travail bien plus vite que les autres médications. Disons enfin que les sujets qui ont eu à subir des opérations chirurgicales importantes, comme les sujets atteints d'une de ces maladies qui sont au-dessus des ressources de la médecine, telles que les cancers par exemple, trouvent dans la balnéation par l'acide carbonique le moyen d'obtenir leur guérison radicale rapidement ou bien le moyen de prolonger leur existence et d'éviter leurs souffrances.

Il ne faut pas surtout oublier que les bains d'acide carbonique sont les bains sédatifs de la douleur par excellence. Les sujets atteints de névralgies, de myosalgies, de dermalgies sont très rapidement soulagés sous l'influence de ces bains. Ces faits sont surtout remarquables chez les rhumatisants et chez les neurasthéniques. Il en est encore ainsi pour les malades atteints de gastralgie. On sait quelles douleurs affreuses donne parfois cette maladie, surtout chez les neurasthéniques. Or, les bains d'acide carbonique font disparaître très rapidement les douleurs en question.

Nous en avons la conviction, les bains d'acide carbonique, dont le succès en Allemagne est des plus considérables, sont appelés à rendre les plus grands services, et c'est pour cette raison que nous sommes heureux de pouvoir annoncer qu'une installation de ces bains vient d'être faite à Bordeaux par M. le Dr Boisset.

Une visite à cet établissement vous permettra d'apprécier les avantages que le corps médical pourra trouver dans l'application thérapeutique des bains d'acide carbonique.

Daignez agréer, Monsieur le Docteur, l'assurance de notre considération la plus distinguée.

LA CARBONIQUE LIQUIDE.

Bordeaux — Imp G. Gounouilhou, rue Guiraude, 11.